U0210917

21世纪高端手绘与艺术设计丛书

手绘·构色

杨明　李明同　著

中国建筑工业出版社

图书在版编目(CIP)数据

手绘·构色/杨明等著. —北京：中国建筑工业
出版社，2013.3
（21世纪高端手绘与艺术设计丛书）
ISBN 978-7-112-15147-9

Ⅰ. ①手… Ⅱ.①杨… Ⅲ.①建筑设计—绘画技法
Ⅳ.①TU204

中国版本图书馆CIP数据核字（2013）第031805号

责任编辑：张幼平
责任校对：陈晶晶　关健

21世纪高端手绘与艺术设计丛书
手绘·构色
杨明　李明同　著
＊
中国建筑工业出版社出版、发行(北京西郊百万庄)
各地新华书店、建筑书店经销
中新华文广告有限公司制版
北京顺诚彩色印刷有限公司印刷
＊
开本：889×1194毫米　1／20　印张：6⅘　字数：190千字
2013年9月第一版　2013年9月第一次印刷
定价：**68.00**元
ISBN 978-7-112-15147-9
（23235）

版权所有　翻印必究
如有印装质量问题，可寄本社退换
（邮政编码 100037）

构 色

所谓"构色"，可以理解为组织建构画面中的色彩，这里的"构"字是合理、和谐与整体构筑的意思。合理有序地组织画面的结构与色彩，是一幅手绘作品成败的关键。手绘中整体细心地安排画面中的每一块颜色，就像安排一场视觉盛宴一样，从整体把握到细节精心处理，最后是作品的张力体验。作品感动了自己才能感动别人，所以用色上要讲究"构"字，用心"构色"，让观者的体验能在颜色上有所触动、有所感悟并与之共鸣，这样的手绘作品才是成功的。

|目录

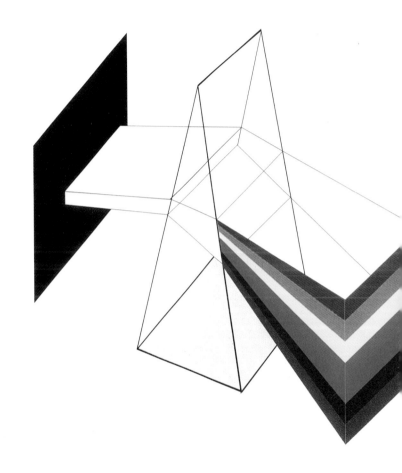

一、构色基础

　　直至牛顿运用三棱镜将太阳光折射形成光谱，才使人们对色彩有了初步的认识，色彩学的发展也迈入了崭新的一个阶段，使其成为一门独立的学科。在这个绚丽多姿的大千世界，无论是巅峰大川还是田园小溪始终都在流淌着各自特有的魅力。在现实生活中，人们发现、观察、创造、欣赏着这个充满绚丽缤纷色彩的世界，在日渐成熟的技术当中对色彩加以认识和运用。

1. 构色工具

　　既然手绘作品在颜色上的表达也是作者一种性情的表达，那么一幅手绘作品应如何用笔？如何用色？这就要求作画者熟悉掌握手绘色彩工具和色彩知识。

工具色类

常用的彩色类用笔主要是彩色铅笔、马克笔。

彩色铅笔有普通型（油性）和水溶性。普通型蜡质较重，不溶于水，着色力弱。进口的水溶性彩铅笔，着色力强，溶于水，涂色后在其表面用清水轻轻涂抹会呈现出水彩画的意味。

马克笔通常分为油性和水性两种，颜色种类较多，其笔头有尖形与扁形。油性马克笔的色彩饱和度高，挥发较快，色彩干后颜色稳定，经得住多次的覆盖与修改。而水性马克笔干后颜色容易变浅，覆盖后容易变污浊，适宜一次性完成。作画时应选择表面较为光滑的纸张。

颜料类

　　颜料的种类很多，在这里只介绍手绘效果图中最常用的水彩颜料、透明水色颜料、丙烯颜料等。

　　水彩颜料、透明水色颜料是效果图最为常用的两种颜料。这两种颜料色彩艳丽，细腻自然，透明性高，适宜颜色叠加，与水相溶解具有意想不到的酣畅淋漓的效果，在表现技法中常用于钢笔淡彩或铅笔淡彩。丙烯颜料属于快干类颜料，有专门的调和剂，也可以用水调和。丙烯颜色也可以薄画，薄画有水彩意味；也可以厚画，厚画有水粉和油画意味。由于其颜色适宜于不同的调和剂，所以在绘图时颜色性能难以把握，要经过大量的实践，才能灵活地掌握并运用。

2. 构色原理

　　大千世界色彩缤纷，事物表面的色泽、质感、肌理也都是通过颜色表现出来的，设计对象同样也离不开色彩的表现，这就要求我们掌握色彩的基本知识和规律，为今后的设计作重要的铺垫。在建筑与景观设计中，植物花卉的设计、道路铺装的设计、喷泉水景的设计、庭院灯光的设计、建筑外墙的设计等都离不开色彩关系，设计师就是运用色彩的规律进行设计的。景观设计是靠色彩手绘来表现设计对象的材质、质感的，所以色彩的掌握对于手绘至关重要。

依据色彩属性可分为无彩色系和有彩色系。无彩色是黑色、白色及黑色与白色按不同比例混合而成的灰色系列，简称黑、白、灰。无彩色系只有明度属性，它们不具备色相和纯度。有彩色是指可见光谱中的红、橙、黄、绿、青、蓝、紫七种基本色，色按不同的比例可以调出五颜六色的颜色。彩色系具有三个特征（三要素）：色相、纯度、明度。这其中又包含了许多知识，譬如色相对比、明度对比、纯度对比。

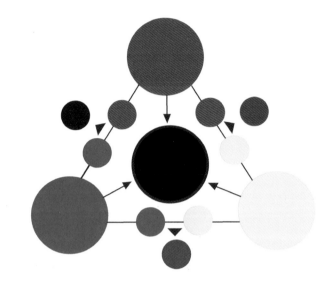

颜料三原色

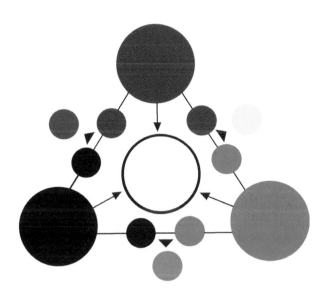

光色三原色

色相对比是指两种不同的颜色并置在一起所呈现出的面貌的差异，就是色相对比。色相环中所表现出临近色的对比和180度的互补色的对比，临近色的对比较弱，互补色的对比强烈，如黄与橙对比较弱，红与绿对比强烈。色彩的物理属性不同，给人以不同视觉的刺激而产生了心理上的不同感觉，如色彩的冷暖感、距离感。景物的背光面冷、受光面暖，红色暖、蓝色冷就是这个原因。画面中有了冷暖对比，景物空间才能真实地表现出来。

明度对比是指色彩的明亮程度的对比，两色并置会产生色彩的深浅对比，如褐色明度低，黄色明度高，在设计构色中要考虑色彩的明度对比，适当加深或提高某些物体的颜色的明度，这样才能使画面对比强烈，主题鲜明。如果物象颜色的明度过于接近，就会造成画面空间感不强、前后空间深度拉不开，造成画面平淡灰闷的感觉。

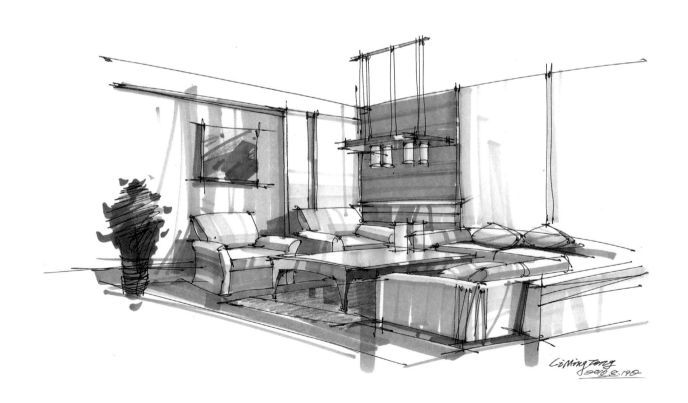

　　纯度对比是指色彩饱和度的对比，纯度不同的两块颜色并置，会产生视觉上强烈的反差。色彩纯度高给人靓丽、鲜活、跳跃的感觉，色彩纯度低给人沉闷、灰暗、内敛的感觉。往往画面近处的物体或者主题物色彩纯度相对高，远处的物体或次要物色彩纯度相对较低。写生中要充分运用好这种对比，以增强画面的层次感。

李明同

李明同画于2010年8.6日.

李明同

色彩往往能反映一个人的心理，这又涉及色彩心理学。色彩心理学已然成了一门十分重要的科学。不管是我们在欣赏大自然的过程当中，还是处于人类的文明社会之时，色彩总能给人带来一些心理上的刺激，当然这是客观上的，而在主观上又是一种行为和反应。色彩心理通过人的视觉，由对色彩产生的知觉和感情到色彩对人留下的记忆，产生的思想或意志，具有的象征等，这期间的反应与变化是非常复杂的。色彩心理学就是针对色彩能够对人产生如此大的影响而加以应用，它很重视这种因果关系，由对色彩的经验积累而变成对色彩的心理规范，以及人受到怎样的刺激会作出什么样的反应，都是色彩心理学所探究的问题。

　　我们生活的环境是一个色彩缤纷的世界，绿色的树木、蓝色的天空、红色的国旗、黄色的花朵等都给我们留下了深刻的印象。生活中婚庆、节日的红色给人喜庆的象征，白色是洁净、纯洁的象征，黑色是黑夜、恐惧、黑暗的象征，绿色给人以平和、稳重、生命力的感受等。大量事实证明，不同的色彩，能让人们产生不同的心理和生理作用，并且依人们的年龄、性别、经历、民族和所处环境等不同而有差别。

李明同

李明同

只有掌握了色彩的原理，掌握色彩带给人们的情感属性，才能熟练地运用色彩，才能让色彩的功能发挥得淋漓尽致。因此，景观设计、建筑设计、室内设计、平面设计等都应当充分考虑不同感觉的色彩的抽象表现性，使色彩能更好地反映设计，使设计为人服务。

李明同

李明同

二、构色的设计方法

　　构色是从人这一角度出发，根据色彩通过人眼反映到内心之后产生的感觉，发挥人的主观能动性和抽象思维的能力，利用色彩自身的可变换性，将色彩以基本元素为单位进行多层次与多角度的组合，并创造出理想的不拘于传统的且具有审美的设计色彩。

李明同

1. 构色的设计要素

　　构色的设计要素主要体现在两方面：自然环境色彩要素与社会环境色彩要素。自然环境色彩要素包括天地、山川河流、地貌、花草、树木等，社会环境色彩要素包括建筑物、道路、硬地、设施艺术小品等。

矫克华

自然环境色彩

自然环境色彩是指自然物质所表现出来的颜色，在园林景观中表现为天空、石材、水体、植物的色彩。自然环境色是非恒定的色彩因素，会随季节和气候的变化而变化，如同样一棵树在春、夏、秋、冬四个季节里所体现的颜色各不相同。不同地区的自然环境色也有着极大的差别。如南方地区雨水多，空气温湿度高，树木花草种类繁多，环境色彩偏绿，而北方地区冬季时间长，温度低，冬天树木落叶后环境色彩显然与南方地区不一样，环境色彩偏土黄色。

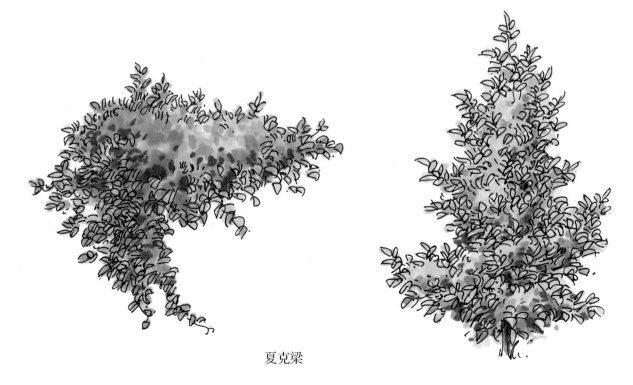

夏克梁

因为这几点，环境设计首先要对自然环境的种种方面进行分析研究，充分而合理地利用自然环境色彩因素，与社会环境色彩协调一致，从而达到理想的色彩效果。例如我国的园林设计，强调与自然的和谐，强调天人合一的境界。

夏克梁

李明同

李明同

李明同

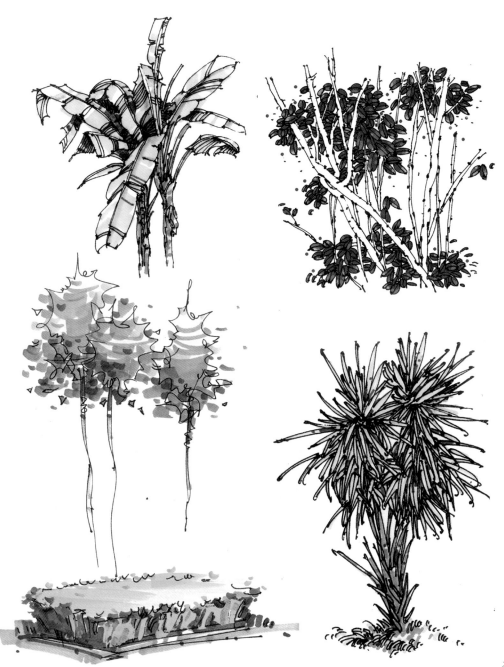

李明同

社会环境色彩

建筑物、道路、硬地、设施与艺术小品等构成了社会环境色彩。

建筑色彩

城市空间多是由建筑物围合而形成的，所以建筑色彩对社会环境的影响尤其突出，建筑不管使用什么样的材料，其外形都具有某种色彩倾向，有着某种情感表达，建筑色彩运用是否和谐，关系到建筑与环境的艺术表现力。所以，把握建筑的色彩关系，往往是掌握空间环境整体的关键。

李明同

矫克华

道路与硬地色彩

　　道路与硬地是外部环境中不可缺少的元素，使用不同材料可以形成不同的肌理和色彩变化。如人行道、盲人路、车行道等的材质、颜色、质地各不相同，一般来讲，像沥青、混凝土路面的色彩灰暗，往往是汽车的通道；海水冲刷的卵石、板岩、彩色陶瓷砖等给人以亲切感，这种材质的肌理与色彩会给人以吸引力，会给人带来某种情趣，许多广场、园林等空间常常用这种材料和色彩来增加空间的变化和整体性。

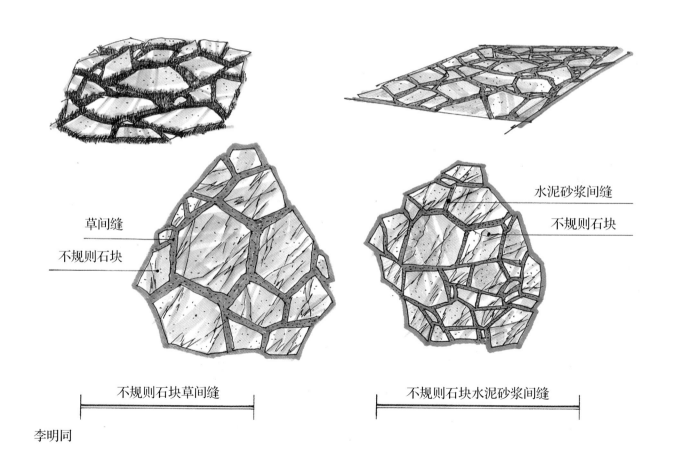

草间缝

不规则石块

水泥砂浆间缝

不规则石块

不规则石块草间缝

不规则石块水泥砂浆间缝

李明同

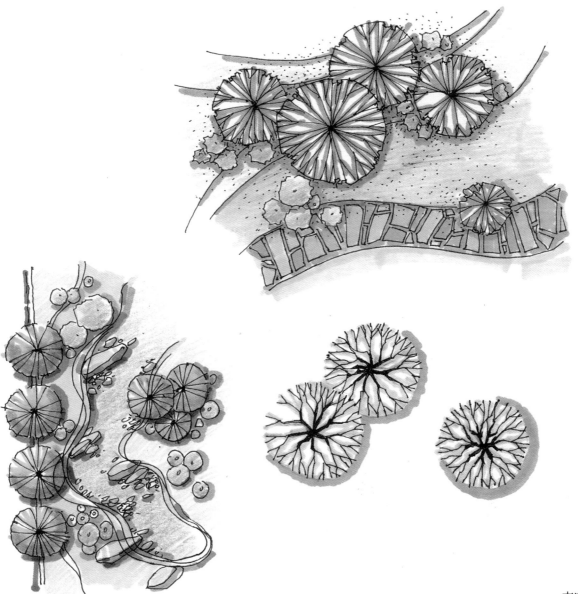

李明同

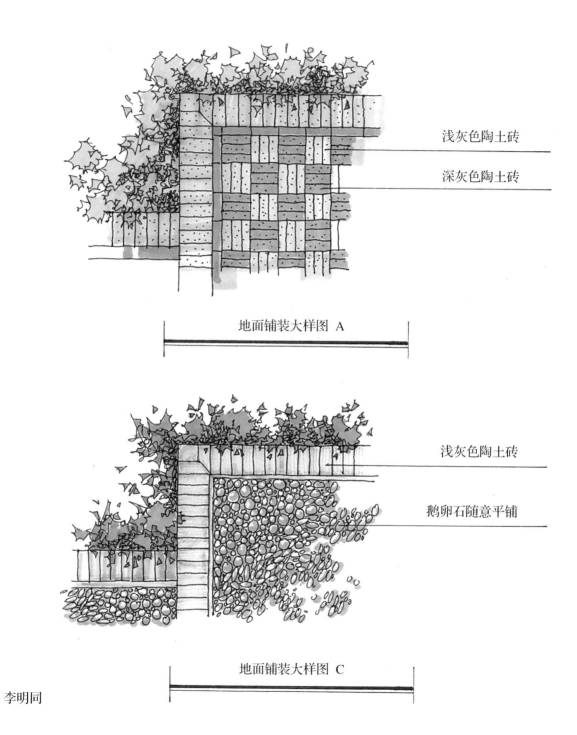

浅灰色陶土砖

深灰色陶土砖

地面铺装大样图 A

浅灰色陶土砖

鹅卵石随意平铺

地面铺装大样图 C

李明同

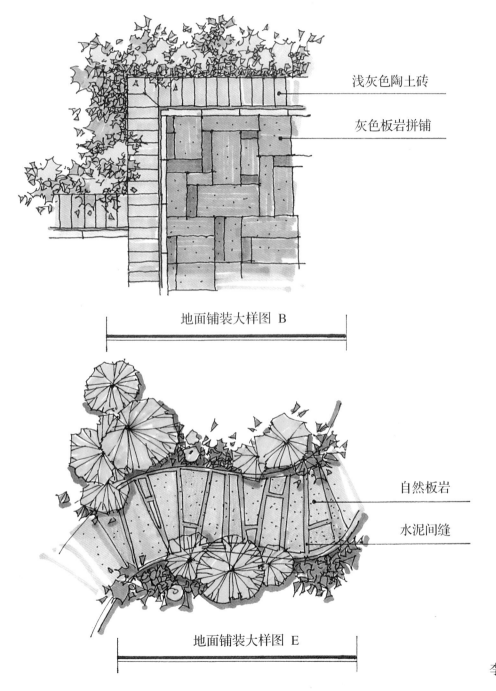

浅灰色陶土砖

灰色板岩拼铺

地面铺装大样图 B

自然板岩

水泥间缝

地面铺装大样图 E

李明同

设施艺术小品

　　设施与艺术小品也是构成环境色彩的主要因素，一般体量较小，色彩单纯，对空间起点缀作用。设施小品既具有实用功能，又具有精神功能，包括室外环境设施小品和家居生活设施小品。

　　室外环境小品是指放置在城市广场、公共活动中心、漫步路边、城市公园、园林等场所的公共环境设施。在色彩的运用上常常使用比较亮丽的色彩，以便引起行人的注意，满足不同功能性质的使用目的，有着招引、传达、指示的作用，如座椅、报刊亭、宣传栏、电话亭、灯具、栏杆、垃圾筒、指示标牌等。虽说在社会环境色彩中所占面积、比例不如建筑，但也是不可忽视的因素。

李明同

耿庆雷

对于艺术小品颜色的设计一定要考虑与周围环境的色彩关系，做到既有对比，又与周围环境色彩相和谐。家居生活设施小品主要是指室内家具与陈设品，家具的摆放和组合方式可营造不同的空间形式，家具与陈设品的风格反映出业主的兴趣与品位，手绘表现应在分析空间的功能和业主的兴趣爱好的基础上进行。

这些设施艺术小品，成为让空间环境生动起来的关键因素，其色彩往往鲜艳夺目，颜色与周围环境对比强烈，可起到点睛空间色彩的效果、表现出意境。

李明同

李明同

李明同

李明同

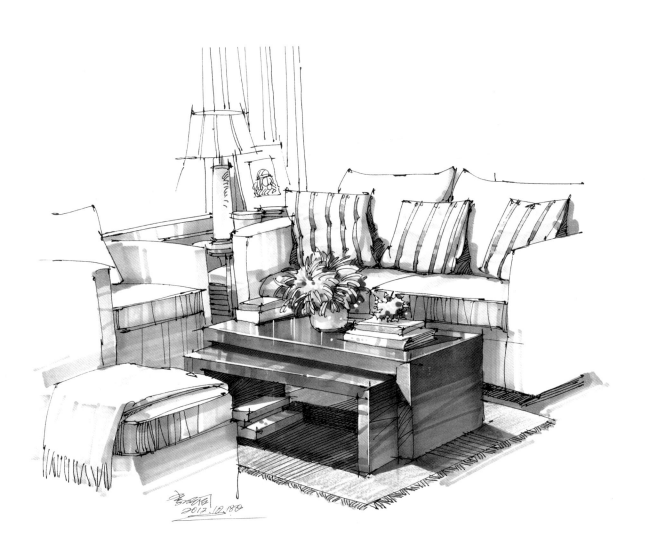

2. 构色的处理方法

　　不同性质的空间环境，必须按照各自的环境要求和特点去考虑空间色彩的设计关系。

整体统一，局部变化组合

　　在空间环境设计手绘中，常常采用整体统一的色彩组合，在空间的局部形态上通过运用与整体色彩有一定差异或对比关系的色彩，来强调统一中富有变化的色彩效果。如绘制公园景观绿化中的休闲座椅，既可以突出座椅形态的标识性，又由于它的面积相对整体来说所占比例不大，不会影响整体的色彩统一关系，可起到"万绿丛中一点红"的色彩对比效果。

李明同

同一色系的色彩组合

设计手绘中为了使画面和谐、整体感强，可以采用同一色系的色彩组合方法（冷色系组合、暖色系组合、灰色系组合）。

冷色系组合

冷色在色彩理论中主要是指蓝色、青色以及邻近的色彩，由于冷色波长较短，可见度低，在视觉上有退远的感觉。在景观设计手绘中，对一些空间较小的环境边缘，根据情况采用冷色或倾向于冷色的植物，可增加空间的深远度或视觉感。

暖色系组合

暖色系主要是指红、黄、橙三色以及这三种颜色的邻近色。暖色系色彩波长较长，可见度相当高，色彩感觉比较跳跃，是家居空间设计中比较常用的色彩。红、黄、橙色在人们的审美情趣中象征着温暖、温馨、欢快和热烈，多表现在室内空间设计手绘中家具陈设、木质隔断、床上用品以及窗帘布艺等上。

矫克华

李明同

李明同

夏克梁

李明同

灰色系组合

　　灰色系组合是指在无彩色系的黑、白、灰三色调入适量较少的有彩色色彩，形成冷灰色和暖灰色的色系组合，不是绝对的黑白灰组合。色彩主要表现在灰色系的同类色彩明度的变化，在设计手绘中使用此类色彩，容易把画面做得比较协调，有很好的空间感和体积感，在审美心理上能产生和顺、安静、柔美的感觉。在设计中使用灰色系色彩组合，能在喧嚣中体会到浪漫唯美的和谐美感。

李明同

李明同

李明同

李明同

三、构色的技法

1. 马克笔的表现技法

　　马克笔有两种类型：水性马克笔和油性马克笔，其颜色丰富多样，从灰色系列到纯色系列一应俱全，具有携带方便、干得快、作画快捷、省时省力、表现力强等特点，适应于建筑设计、城市规划、景观设计、室内设计、工业设计、服装设计等设计行业，马克笔可以说是快速表现的代名词，是设计创意表现的理想工具，尤其是最近几年更是备受设计师青睐。马克笔的笔头较硬，笔头宽扁，笔尖可画细线，也可画粗线，颜色透明，适合重复叠色，通过笔触间的叠加可产生丰富的色彩变化，但不宜重复过多，否则画面会产生"脏"、"毛"、"灰"等缺点。

　　水性马克笔笔触间的叠加更应该注意，不要使画面产生"脏"、"灰"，可以等第一遍颜色干透后再叠加第二遍色，着色顺序先浅后深，力求简便，用笔要轻松随意，笔笔之间要有疏密关系，笔触要明显，讲究留白，注重用笔的次序性，要根据塑造对象的结构特点灵活运笔，切忌随心所欲，用笔琐碎。

李明同

李明同

马克笔采用不同的纸张，效果会截然不同，如水彩纸、素描纸、卡纸、牛皮纸、色纸、底纹纸、描图纸、硫酸纸、复印纸等，不同的效果是由纸张表面的光滑程度、吸水性能的不同决定的，所以在景观绘图时，要根据情况选用适合自己的纸张。油性马克笔还有一个特点就是洇纸，笔在纸上停留的时间长短决定洇纸的效果，因此要在实践中反复推敲，熟练掌握，方可得心应手。

李明同

李明同

李明同

马克笔的表现步骤

1. 在心中取景，在心中构图，采用局部入手的方法用黑色钢笔进行构线，把自己的情感作用于线条，或弹线，或颤线，或折线，用线要有激情，描绘的时候要考虑画面的整体关系，用线要统一、疏密有致。

李明同

2.着色从物体的暗部开始，用笔要大胆、生动、帅气，画的时候考虑物体的明暗关系和色彩关系。叠色要由浅入深，等第一遍颜色干后再叠加第二遍色，直到合适为止，否则会使画面脏、灰、混浊，失去马克笔的笔触效果。可以马克笔与彩铅笔结合，取其优势来获得丰富亮丽的色彩变化。

李明同

3.深入刻画物体的细节，刻画时要循序渐进，切不可着急，因马克笔笔触不能擦改，所以局部刻画要认真比较明暗与色彩关系。

李明同

4.调整画面，不够深入的继续加强刻画，突出主题，使画面形成统一的整体。

李明同

夏克梁

夏克梁

夏克梁

夏克梁

2. 彩色铅笔的表现技法

　　彩色铅笔与普通绘画铅笔一样，具有排线、平涂、擦涂的特性，线条可以像普通铅笔一样产生浓淡效果，正因为彩色铅笔易掌握、颜色明快、方便快捷，因此备受设计师喜爱，突出表现在景观设计、建筑设计、规划设计、室内设计等行业。彩色铅笔有水溶性和油性两类，水溶性彩色铅笔可以结合清水使用，也可以结合马克笔、水彩使用，会出现意想不到的效果，在实践中可以尝试这几种结合方法，从中找到规律，加以总结，灵活运用。

　　在设计表现图中，彩色铅笔一般结合钢笔线描作画，也可以结合马克笔作画，结合钢笔线描作画时，钢笔线描最好精细深入，彩色铅笔只是辅助用色，用颜色画出明暗、材质的色调即可，不需要满涂，可以大面积留白，这样画面响亮，黑白对比明确，主题鲜明。

李明同

结合马克笔作画时，我们知道马克笔笔触感强，色彩明快，单色渐变过渡困难，而彩色铅笔调子过渡自然，可以虚实，变化丰富，况且水溶性彩色铅笔与水性马克笔都溶于水，两者结合可以取长补短，所以能理想地表现出对象的形体结构。

矫克华

青岛大学 美术学院 建筑系学生作业9.

矫克华

彩色铅笔表现的步骤

　　1.考虑画面的构图，用铅笔轻轻起好透视草稿，用黑色钢笔进行描图，描图的时候考虑画面的疏密关系、黑白灰关系、虚实关系，用线要统一，同时把配景画好。

李明同

2. 着色前可以先准备好彩色铅笔，找到与设计物体基本色相相近的铅笔，然后从物体的暗部开始画起。可以用素描线条的形式，也可以用涂抹的形式，画的时候考虑物体的投影、反光、明暗交界线、中间色、高光五大调子。对于色彩变化丰富的物体，可以采用线条的交叉用笔、叠加排线，甚至可以发挥水溶性彩色铅笔的特点，获得丰富亮丽的色彩变化，排线用笔尽量大胆，用笔要生动、帅气。

李明同

3.深入刻画物体的细节，要把握好一个"度"字，刻画时要循序渐进，切不可局部刻画，要把握好画面的整体关系，因彩色铅笔色不易擦改，所以局部刻画很容易画过，不易调整。

李明同

4.调整画面，突出设计主题。不够深入的继续加强刻画，处理好画面黑白灰关系、色彩关系、疏密关系、前后关系、主次关系，使画面形成统一的整体。

李明同

3. 综合表现技法

　　综合技法就是运用多种表现技法完成一幅设计表现图，如钢笔、彩色铅笔、马克笔，钢笔、水彩、彩色铅笔，钢笔、马克笔、水彩，钢笔、透明水色、彩色铅笔等多种综合方法，每一种方法都有其不同的特点，各种技法综合在一起可取长补短，达到理想的效果。

　　以钢笔、马克笔、水彩、彩色铅笔为例来说明。首先用钢笔起稿子，用钢笔的黑线描图，描图时同时画出疏密关系、黑白灰关系、简单的虚实关系，然后以水彩用笔，水彩因颜色透明，适宜大面积地铺设调子，待颜色干后，在上面可以略加一些马克笔笔触，这样画面看起来有笔触感，灵活、洒脱、帅气。马克笔画完后必然有一些色彩渐变不够，这时候可以用彩色铅笔进行调子补充，因为水彩纸张不平整，彩色铅笔调子在纸面上会有笔触感，会留有一些飞白调子，调子不像水彩能够全部渗入纸内，而是浮在水彩颜色与马克笔颜色的表面上，形成用笔粗细肌理上的对比，增强画面美感。

李明同

李明同

李明同

李明同

李明同

四、构色的应用表现

　　客体大自然丰富绚丽的色彩变化和经由主体产生的心理色彩、意境和情调都可以通过空间的手绘作品表现出来。通过对色彩的研究，学生不仅可以获知室内外光与色彩的特点和规律，而且还能掌握更为复杂且具有艺术表现力的色彩语言，所以艺术空间的构色手绘练习是学习构色手绘的一个重要阶段。

李明同

1. 艺术空间的构色原则

　　人们的生活离不开艺术，艺术表达了人们的思想情感。空间的艺术特性与审美效果，加强了空间环境的艺术氛围，是人文历史、民俗风情的反映。空间的构色，可以明确区域的识别性，给人提供在场所活动中所需要的生理、心理等各方面的服务；可以提升整个空间环境的艺术品质，改善城市环境的景观形象，给人们带来美的享受。

李明同

艺术空间的构色原则

功能因素

艺术空间在构色中要考虑到功能因素，无论是在实用上还是在精神上，都要满足人们的需求，尤其是公共空间的艺术构色设计，它的功能与色彩设计是更为重要的部分，要以人为本，满足各种人群的需求。

个性特色

艺术空间的构色设计要具有个性，它不仅是设计师的个性体现，也是艺术空间本身所处的区域环境的历史文化和时代特色的反映。可吸取当地的构色语言，采用当地的材料和制作工艺，产生具有一定的本土意识的空间构色设计。

李明同

情感归宿

　　艺术空间构色不仅带给人视觉上的美感，而且更具有意味深长的意义。好的构色空间注重地方传统，强调历史文脉饱含的记忆、想象、体验和价值等因素，使观者产生美好的联想与意境，成为空间环境建设中的一个情感节点。

2010.6.28

李明同

2. 艺术空间的构色表现

　　室内色彩与室外色彩比较，有着明显的区别。在室内空间，由于静物之间占有的环境空间有限，室内墙面的色彩反射也比较集中单纯，加上物体与物体之间的距离比较近，物体的固有色、环境色能通过眼睛很容易地观察出来，也就比较容易辨别出器物色彩的相互影响。由于不受太阳光的直接照射，室内色调一般都比较沉暗，色彩浓重；在室外，物体纷杂，物体与物体固有的色光的反射关系就非常复杂。环境色彩很难通过眼睛确切地观察出来，很难辨别出景物之间色彩的相互影响，由于受太阳光的直接照射，物体色调一般都明亮（阴天除外），色彩绚丽丰富。所以为了画好室外景观手绘必须进行外环境色的分析。

产生室外色彩变化的最主要因素有以下几个方面：

一是光源色的影响，由于太阳发出的光色整体倾向于暖色，景物受光部分也会整体偏暖调，这反映出阳光的色彩特点。纵然大自然物体的固有色各异，都会微微罩上带黄或红等暖色因素，早晨或傍晚的阳光在景物中反映得更加明显，以至形成非常统一的暖调。

二是天光色的影响。由于天光偏蓝青色，景物受到天光色反射的影响略偏冷调。这在建筑物的表现更为突出，尤其是白色的建筑，建筑物背光墙面受天光蓝色的影响呈冷色调。这种物体背光部分偏冷色调的特点还体现在丛树的背光部分、山峦起伏的背光部分、路面沟壑的背光部分等，这些部分在太阳暖色光源的照射下会明显地显示与受光部补色对比的冷色调。

李明同

三是地面光色的影响。因地面呈土黄色，反射出土黄色的暖色光，物体受到这种反射的部位，必是接近地面的背光部位。如建筑物的屋檐底面、背光墙面接近地面的部分、树干的底部等。

夏克梁

夏克梁

四是物体之间的影响。一个物体受到另一物体色的影响，也会产生冷暖调的变化。冷色物体在暖色物体的背面，暖色物体的背面偏冷调，反之冷色物体的背面偏暖调。

五是天气的影响，自然景物的色彩受天气的影响，受光部分与背光部分色彩冷暖变化很大。晴天色彩冷暖变化较明显，如是阴天，自然景色的色彩关系，就不会像有阳光照射时那样对比强烈，表现为固有色比较明显、色调区别也比较清楚。但物体的受光部分与背光部分冷暖变化不明显，呈冷色调倾向，色调含灰偏冷。由于天气的多变，有雨、雾、霜、雪等自然景象，每一种景象都有着各自鲜明的调子特征。譬如雨天呈灰的蓝紫色调的色彩倾向；雾天由于形体被融化在雾中，天地一色，色调迷离含蓄；雪景，晴天的雪景与阴天的雪景变化不同，晴天雪景色调明快，黑白对比分明，阴天雪景表现为色调纯净、素雅、含蓄，黑白对比弱等。

总之，室内外景色的色彩绚丽丰富，要通过自己的视觉感受去辨别，去总结并加以分析。通过对各种景色的手绘练习来提高自己驾驭色彩的能力，并熟练掌握空间色彩的表现规律，从而丰富色彩的艺术语言。

耿庆雷

李明同

李明同

李明同

李明同

李明同

李明同

矫克华

李明同

李明同

李明同

李明同

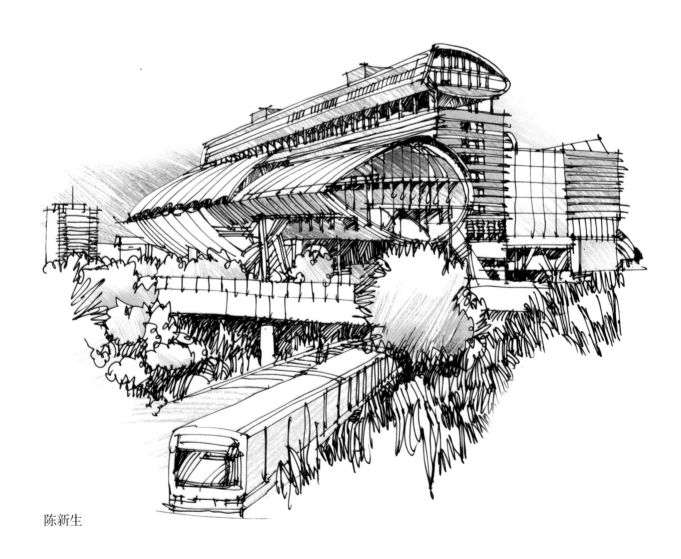

陈新生

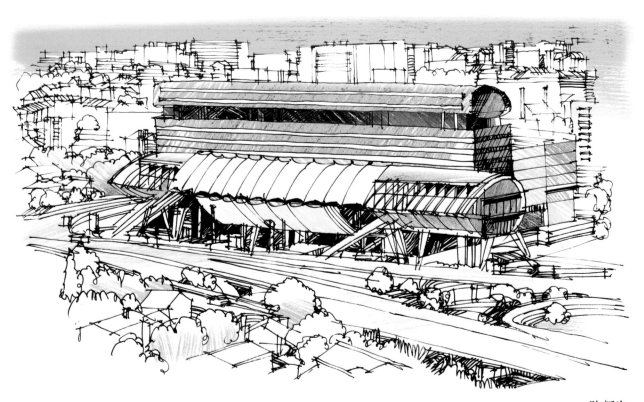

陈新生

夏克梁

夏克梁

夏克梁

李明同

耿庆雷

耿庆雷

李明同

李明同

李明同

李明同

夏克梁

夏克梁

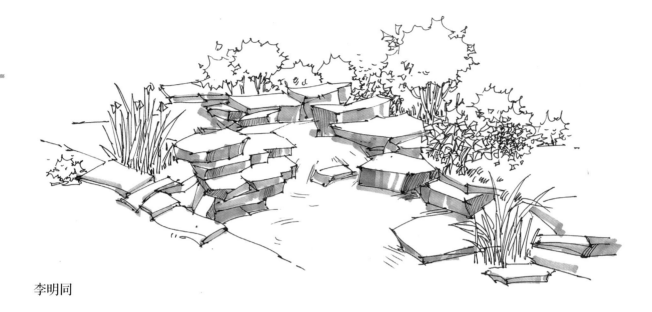

李明同

李明同

课堂示范作品（夏克梁）

夏克梁

夏克梁

李明同

　　毕业于山东工艺美术学院、中国矿业大学艺术与设计学院，硕士研究生；现任教于烟台大学建筑学院，国际商业美术设计师协会山东分部专家委员会委员，中国建筑学会室内设计分会会员，中国室内装饰协会会员。

　　出版著作《当代美术家——李明同》《建筑风景钢笔速写技法与应用》《手绘·意建筑钢笔手绘表现技法》《景观设计手绘效果图》《园林景观摹本》等，发表论文二十余篇，发表作品一百多幅。

　　获奖情况：作品《荷韵》获1992年山东省美术作品三等奖；作品《残荷》获1998年山东省书画大赛金奖；《枯藤》获1998年山东省书画大赛铜奖；《建筑风景速写》获2008年中国手绘艺术设计大赛三等奖；《山西民居系列》获2009年中国手绘艺术设计大赛二等奖；《陕西民居系列》获2011年中国手绘艺术设计大赛一等奖；《斯里兰卡城市街景》获2012年中国手绘艺术设计大赛一等奖；《雪中情咖啡吧》获2011年国际大众艺术节山东艺术设计大赛金奖；《冬》获2013年山东省教育厅举办的教师基本功大赛三等奖。

杨明

　　毕业于山东轻工业学院环境艺术设计专业，硕士研究生；现任教于烟台大学建筑学院，中国建筑学会室内设计分会会员，中国室内装饰协会会员。

　　出版著作《建筑风景钢笔速写技法与应用》《手绘·意建筑钢笔手绘表现技法》《景观设计手绘效果图》《园林景观摹本》，发表论文十多篇。

　　获奖情况：作品《雪之巢咖啡吧》获2008年中国"尚高杯"室内设计大奖赛佳作奖；《雪中情咖啡吧》获2011年国际大众艺术节山东艺术设计大赛金奖；《斯里兰卡城市街景》获2012年中国手绘艺术设计大赛一等奖；《石头桥乌镇》获2012年中国手绘艺术设计大赛优秀奖；《婺源小镇李坑》获2012年中国手绘艺术设计大赛优秀奖；《陕西民居系列》获2013年山东省教育厅举办的教师基本功大赛一等奖。